U0045052

圖、文　郭苙莉

導讀

文／羅秋怡
上善心理治療所院長
美國賓州大學兒童心理發展碩士

台灣四面環海，與海洋緊密聯繫，儘管美景常伴，但海洋對我們來說，仍是一種既熟悉又陌生的感覺。

人們經常前往海邊享受親子時光或浪漫夕陽，當颱風來襲，我們便透過新聞畫面感受那驚心動魄的海浪之力。熱鬧的魚市場、台南的深海魚湯、基隆港和高雄港的遠洋貨運與漁船，都是我們與海洋親密互動的寫照。南台灣的墾丁更以美麗的貝殼沙灘享譽全球，每年都吸引成千上萬的遊客來此衝浪、舉辦音樂會，享受碧藍海域風光。

然而，在這些美好生活的背後，人們卻忽略了海洋的脆弱一面，我們的無知加劇了對海洋及環境的破壞。遊客在沙灘上隨意丟棄的塑膠製品，最終可能隨著巨浪被捲入海洋，成為海洋生物的誤食對象，這些難以分解的塑膠微粒最終又透過食物鏈回到我們的餐桌。這樣的循環，讓原本應該遠離我們的塑膠污染，反而回到了人類的身上。

Laurent Lebreton 等科學家在 2022 年 9 月的《Nature》期刊發表研究，發現太平洋垃圾帶（Great Pacific Garbage Patch, GPGP）中 75%至 86%的塑膠垃圾源自海上漁業活動，而全球河流仍是海洋塑膠污染的主要來源。

《我是海洋管理員》以貓咪視角帶領讀者巡視海洋環境，用深色塊的筆觸提示，人類製造的垃圾不經意造成的污染將也不經意地回流到人類身邊。海洋生態失去平衡之後，破壞了看似遙遠無關的生態海域，但毒物如同回力標，最後千里迢迢的返回製造者人類，並以難解的疾病加倍奉還。

破壞很快，而建設需要時間。已有淨灘活動身體力行的志工率先示範，教育部也將海洋環境保護編列入教學課綱中，透過民間與國家力量，在在呼籲我們是同島一命，沒有人可以置身事外。

陽光、空氣、水是生命三要素，滋養了萬物，不論在海邊還是陸地，保護環境從你我做起，小至一人一手帶回塑膠製品，大至制定法規監督工廠及漁船限制污染排放。人類對海洋環境的關懷，與萬物共存的尊重，不容再延宕忽視！從珍愛海洋開始，為了我們和後代的未來，努力建構一個更健康的地球。

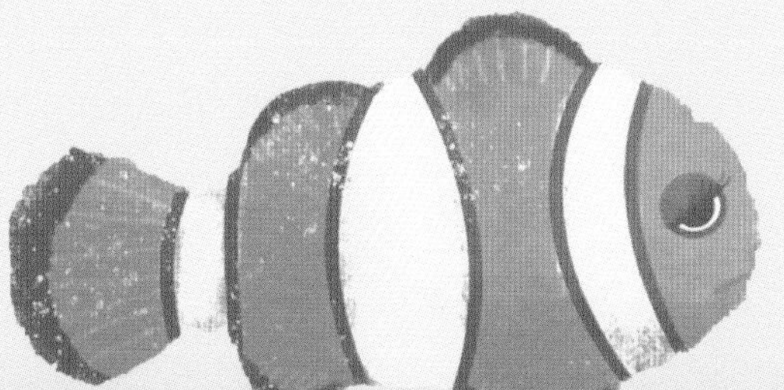

我是這片海洋的管理員

I am the keeper of the Ocean.

我會到漁市察看
I will visit the fish market.

巡視港口的治安

Patrol for the safety of the harbor.

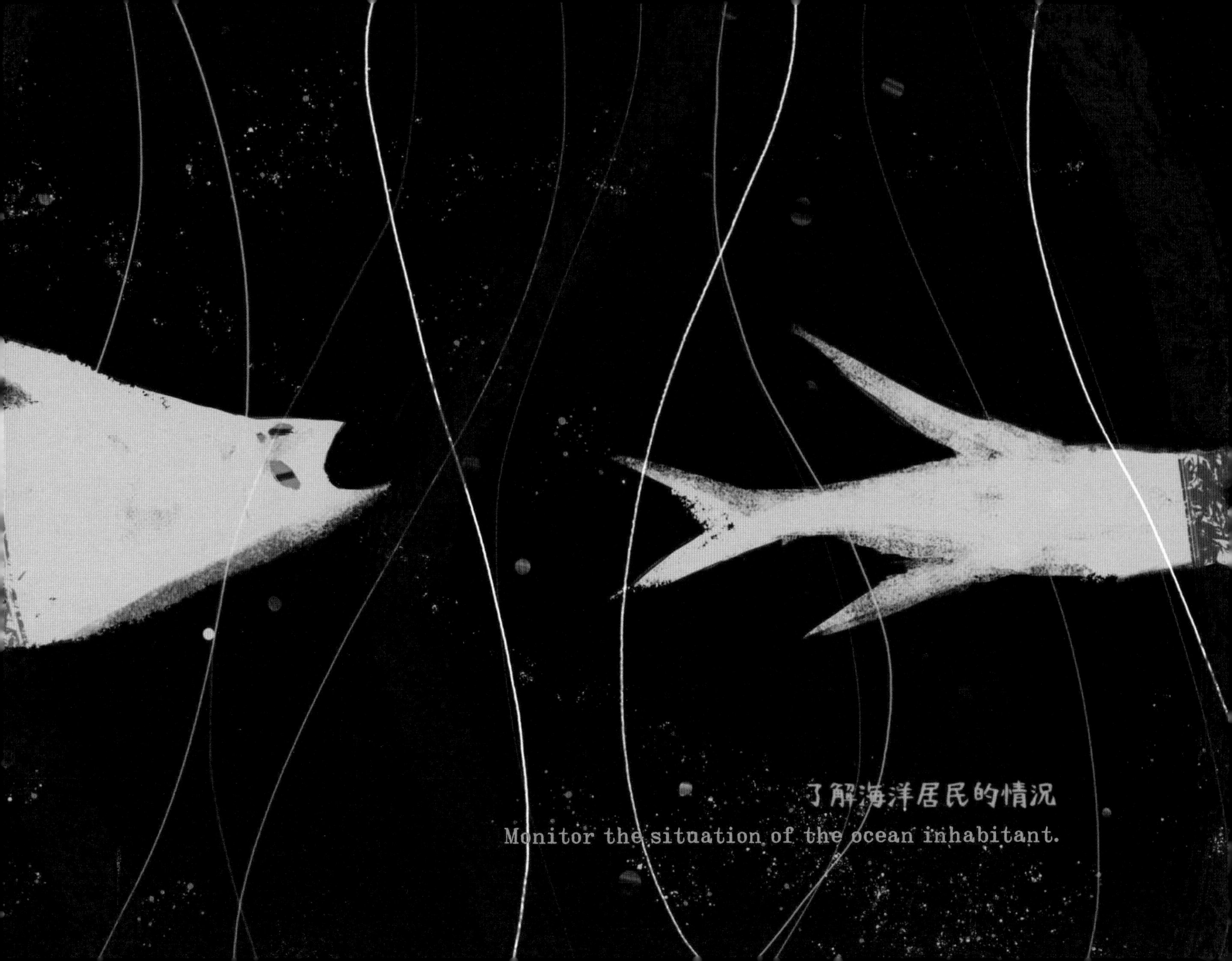
了解海洋居民的情況
Monitor the situation of the ocean inhabitant.

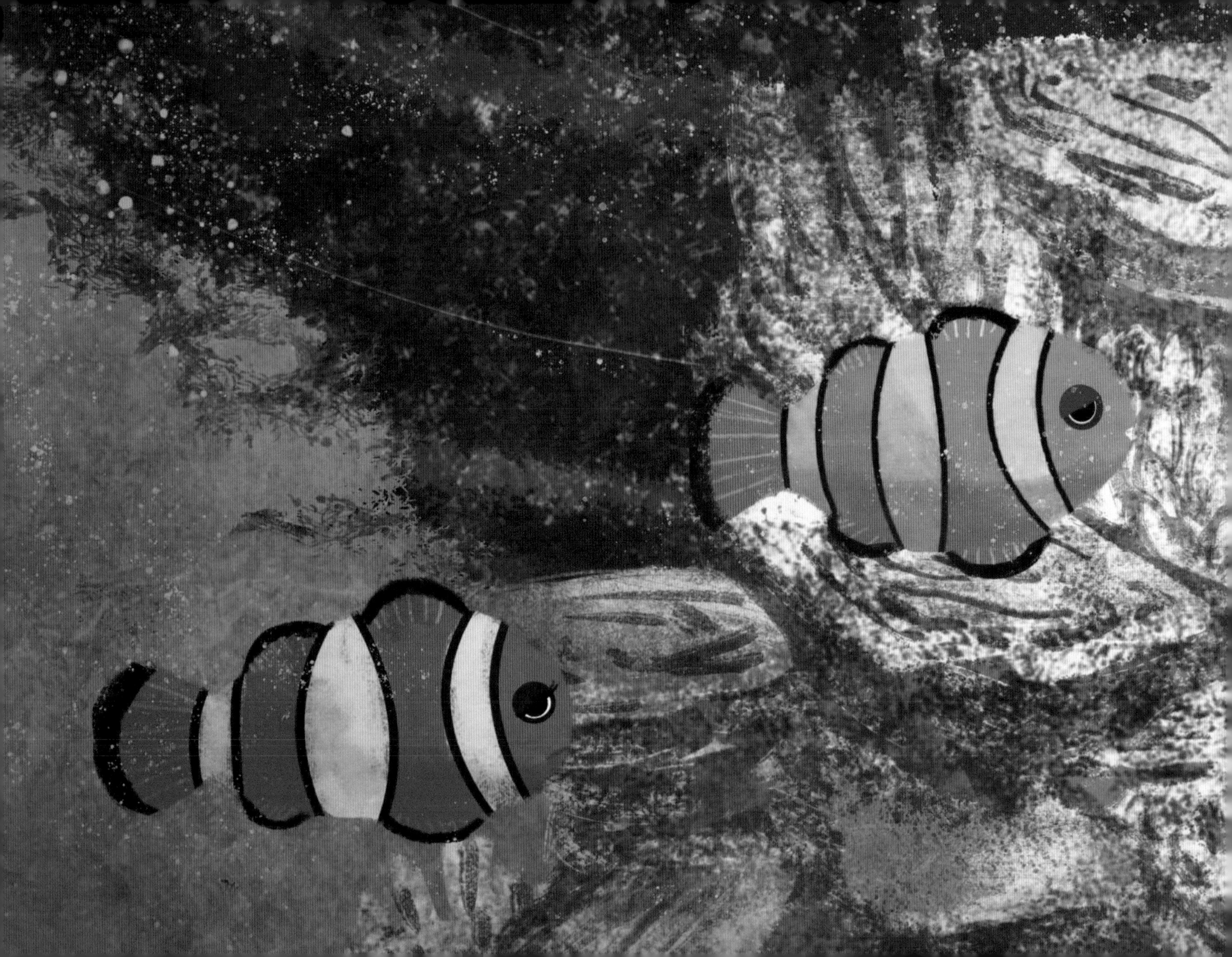

小丑魚夫婦正準備要搬家
The clownfish couple is preparing to relocate.

它們是最後搬離白化珊瑚的熱帶魚
They are the last tropical fish to escape the bleaching of the coral.

一群困在廢棄物裡的海龜
In the waste, a shoal of sea turtles was trapped.

海龜們都因為這些廢棄物受傷

They were injured by the debris.

這裡有一股惡臭，魚群的狀況看起來不太好
There’s a foul smell and the fish have become sick.

一艘漏出石油的漁船，染黑了海面
The sea was blackened by a fishing boat leaking oil.

海鳥再也飛不起來了

And the seabirds can't fly high anymore.

我向人類發出警告，可是沒有人願意聽

人們開始長出紅色的疹子
People began to break out in a red rash.

天空下起大雨，越下越大

The sky was raining heavily, cats and dogs.

城市就這樣被大雨淹沒了
Cities were flooded.

慌亂，擔心，時間逐漸地流逝
Panic, worry; but the time
was gradually passing by.

最終海水退了，街道堆滿廢棄物
Eventually the waters receded
and the streets were filled with debris.

人們似乎學到了教訓

People seem to have learned a lesson.

我是海洋的管理員
I am the Ocean Keeper.

今天的海看起來更藍了

The sea looks bluer today.

出版者的話

文／蘇本華
台灣精準兒童健康協會理事長
中山醫學大學醫學院教授／醫學系兒童學科主任

當您翻開《我是海洋管理員》這本書，您將踏上一段旅程，透過一幅幅畫作看見我們的海洋以及它所面臨的挑戰。這本書的主角是一隻聰明又可愛的白色貓咪，牠肩負著海洋管理員的重要使命，並且以獨特的視角向讀者揭示了人類活動對海洋環境的影響，引領我們探索海洋生態的美麗與脆弱。

這本書的創作靈感源自於現今海洋環境的緊迫危機。我們看到了小丑魚因珊瑚白化不得不遷移，海龜在廢棄物中受困並受傷，海鳥也失去了飛翔的能力。這些生動的描繪不僅展現了生態問題的嚴重性，同時也呈現了自然界的互相依存與脆弱平衡。

本書不僅是一個故事，更是一面鏡子，反映出人類行為對環境的影響。當人們因環境污染而生病，當城市被大雨淹沒，這些場景提醒我們，大自然的崩潰終將波及人類自身。然而，書中也帶來希望的訊息：當人們意識到自己行為的後果，並從中學習，改變就有可能發生。

《我是海洋管理員》重視故事的教育意義和藝術價值，期待透過豐富的圖畫和簡單的文字啟發讀者對自然生態的關注，讓這本書對於所有年齡層的讀者都具有意義。對於兒童，跟著貓咪關心海洋使兒童對自然環境產生好奇，同時教育他們生態保護的重要性，這將是孩子們理解環境保護的第一步。對於成年人，可以思考人類活動對海洋環境的影響，重新審視我們與自然世界的關係，進一步透過行動來改善和維護海洋與生態環境。我們深信，透過教育和意識提升，每個人都可以為建設一個更美好永續的地球做出貢獻。

作為出版者深感責任重大，不僅訴說故事，更要傳達一種意念。希望這本書能成為啟動對話的火花，鼓勵家庭、學校和社區討論如何一起保護環境。這是一本既能閱讀又能展開行動的書，感謝您選擇《我是海洋管理員》，讓我們一起踏上這趟探索與保護美麗海洋的永續之旅。

作者簡介

郭芷莉 Kuo Li-Li

1997 年生，台中人，玄奘大學藝術與創意設計學系畢。

高中開始學習日文和畫畫是構成我生活的 80%，剩下的 20% 則是挑戰我還沒接觸的事物。不管是攝影、做菜、旅行或是看書，從中找尋樂趣，把這些點子用在繪畫中。用繪畫的方式希望讓更多人知道我所看到的世界，以此為目標進行繪本創作。

《我是海洋管理員》是我第一本完成的繪本，創作過程中，我時常會對作品內容產生疑問，「我有把我想表達的傳達出去？」、「怎麼讓大家對我的作品產生興趣？」、「要如何讓作品更加完善？」等，讓每一件作品以最佳的狀態呈現在讀者的眼前。

期望未來能到更多的地方看見美麗的風景，體驗初次接觸的挑戰，去瞭解不明白的情緒，全心全力感受每一天的變化。找尋樂趣，也願大家通過我的創作一起發掘生活並享受這短暫的人生。

我是海洋管理員

圖文創作／郭芷莉
執行編輯／吳心恬
發 行 人／蘇本華
出　　版／台灣精準兒童健康協會
台中市南屯區惠中里文心路一段378號21樓之5
信箱：tpcha.tpcha888@gmail.com
網站：https://tpcha.tw

製作銷售／秀威資訊科技股份有限公司
台北市內湖區瑞光路76巷69號2樓
電話：+886-2-2796-3638
傳真：+886-2-2796-1377

出版日期／2024年2月　定價／NTD 420元

國家圖書館出版品預行編目 (CIP) 資料

我是海洋管理員 = I'm an ocean keeper / 郭芷莉
圖.文. -- 臺中市 : 台灣精準兒童健康協會, 2024.02
面；　公分
ISBN 978-626-98306-0-2(精裝)
1.CST: 海洋環境保護　2.CST: 海洋資源保育
3.CST: 繪本
351.9　　113000832